BEI GRIN MACHT SICH IHR WISSEN BEZAHLT

- Wir veröffentlichen Ihre Hausarbeit, Bachelor- und Masterarbeit

- Ihr eigenes eBook und Buch - weltweit in allen wichtigen Shops

- Verdienen Sie an jedem Verkauf

Jetzt bei www.GRIN.com hochladen und kostenlos publizieren

Bibliografische Information der Deutschen Nationalbibliothek:

Die Deutsche Bibliothek verzeichnet diese Publikation in der Deutschen National-
bibliografie; detaillierte bibliografische Daten sind im Internet über http://dnb.d-
nb.de/ abrufbar.

Impressum:

Copyright © 2018 GRIN Verlag
Druck und Bindung: Books on Demand GmbH, Norderstedt Germany
ISBN: 9783668720664

Dieses Buch bei GRIN:

https://www.grin.com/document/428094

Laura Hartmann

Lernerfolg und Motivation. Welche Funktionen erfüllen Experimente im Erdkundeunterricht?

GRIN Verlag

GRIN - Your knowledge has value

Der GRIN Verlag publiziert seit 1998 wissenschaftliche Arbeiten von Studenten, Hochschullehrern und anderen Akademikern als eBook und gedrucktes Buch. Die Verlagswebsite www.grin.com ist die ideale Plattform zur Veröffentlichung von Hausarbeiten, Abschlussarbeiten, wissenschaftlichen Aufsätzen, Dissertationen und Fachbüchern.

Besuchen Sie uns im Internet:

http://www.grin.com/

http://www.facebook.com/grincom

http://www.twitter.com/grin_com

Inhaltsverzeichnis

1. Einleitung

„I hear and I forget

I see and I remember

I do and I understand"

(Confucius)

Im Erdkundeunterricht, ebenso wie in anderen Unterrichtsfächern, kann durch selbstständiges Lernen ein effektiveres Lernen ermöglicht werden, als es beim Frontalunterricht durch Zuhören, Lesen und Beobachten möglich ist (Kaminske 2009, S. 23).

Experimente „die Stiefkinder des Erdkundeunterrichts" (Wilhelmi 2000, S. 4) werden im Erdkundeunterricht nur selten oder sogar gar nicht eingesetzt. Dabei ist das Experimentieren in anderen Unterrichtsfächern, wie Physik oder Chemie, eine gängige und unumgängliche Methode, die die Basis zur Erlangung von Kenntnissen über die Natur ist (Kaminske 2009, S. 21).

Experimente stellen einen wichtigen Bestandteil offener Unterrichtsformen dar, für den es eine Vielzahl an Vorschlägen für mögliche Experimente gibt, die sich besonders für physisch-geographische Themen eignen und gut in den Unterricht integriert werden können.

Nach Salzmann (1984) haben Experimente einen positiven Einfluss auf den Lernerfolg und die Motivation der Schülerinnen und Schüler[1], darum stellt sich die Frage, warum Experimente eine so vernachlässigte Stellung im Erdkundeunterricht haben, obwohl sie auf die SuS positiv einwirken?

Auf dieser Frage aufbauend behandelt die vorliegende Hausarbeit die Fragestellung: *„Welche Funktionen erfüllen Experimente im Erdkundeunterricht und welche positiven und negativen Effekte haben sie auf den Lernerfolg und die Motivation der SuS?"*

Zu Beginn dieser Arbeit wird der Begriff des Experiments definiert und erklärt, welche Klassifikationen es gibt. Anschließend wird die Funktion von Experimenten und deren Lernziele dargestellt. Des Weiteren werden in einem nächsten Kapitel die positiven und negativen Effekte von Experimenten im Erdkundeunterricht und auf die

---

[1] Im Folgenden mit SuS abgekürzt

Motivation und den Lernerfolg der SuS behandelt. Im Anschluss daran werden zwei Beispiel-Experimente vorgestellt, die sich in die Unterrichtspraxis integrieren lassen könnten. Die Hausarbeit wird durch ein Fazit abgerundet.

2. Definition und Klassifikation von Experimenten

Das Wort „Experiment" lässt sich in den griechischen Wörtern „peira" (Versuch, Probe, Wagnis) und „empeiros" (erfahren, kundig) und im Lateinischen in „experientia" (Probe, Versuch) und in „expertus" (durch Erfahrung kennen gelernt) wiederfinden (Puthz 1988, S.11; zit. In: Otto 2003, S. 3).

An der Etymologie des Wortes wird demnach deutlich, dass ein Wissensgewinn durch eigens gesammelte Erfahrungen stattfindet.

In wissenschaftlicher Hinsicht reicht diese Begriffsdefinition allerdings nicht aus.

> „Ein Experiment ist eine planmäßige, grundsätzlich wiederholbare Beobachtung von natürlichen und auch gesellschaftlichen Vorgängen unter künstlich hergestellten, möglichst veränderbaren Bedingungen. Es verfolgt den Zweck, durch Isolation, Kombination und Variation von Bedingungen eines Phänomens bzw. Objekts reproduzierbare und kontrollierbare Beobachtungen zu gewinnen, aus denen sich Regelmäßigkeiten und allgemeine Gesetzmäßigkeiten ableiten lassen. Ein Experiment kann beliebig oft wiederholt werden." (Otto 2003, S. 3).

Für den Geographieunterricht kann diese Definition jedoch nicht übernommen werden. „So werden oftmals reine Messungen, wie das Bestimmen der Fließgeschwindigkeit eines Flusses mit Hilfe von Messgeräten [...] fälschlicherweise als Experiment bezeichnet" (Lehmann 1964, S.9 ; zit. In: Otto 2009, S. 4). Es gibt noch weitere Didaktiker (z.B. Kestler 2002, Rinschede 2007, Lethmate 2003, 2006) die betonen, dass die im Geographieunterricht als Experimente oder Versuche eingesetzten Methoden in der Regel keine echten Experimente sind, sondern eher Funktionsmodelle (Otto 2009, S. 4). Rinschede (2007) spezifiziert seine Aussage noch, indem er sagt, dass Unterrichtsexperimente eine Mittelstellung einnehmen, zwischen den wissenschaftlichen Forschungsexperimenten und dem alltäglichen Experimentieren und Erproben (Rinschede 2007, S. 292).

2.1 Wissenschaftliches Experiment

Ein Experiment ist die Fortführung einer Beobachtung, bei der einzelne Faktoren unter künstlichen Bedingungen verändert und kontrolliert werden. Es wird also aktiv in einen Vorgang eingegriffen, der ein bestimmtes Ereignis hervorbringt (Otto 2009, S. 4).

„Echte Experimente" zeichnen sich demnach dadurch aus, dass aus einer Problemstellung heraus eine Hypothese abgeleitet wird, die durch einen Versuch und durch Veränderung ausgewählter Variablen versucht wird zu verifizieren oder zu falsifizieren. Ein Kontrollexperiment ist in jedem Fall dringend erforderlich, damit anderweitige Erklärungen ausgeschlossen werden können. Ein wissenschaftliches Experiment ist beliebig oft wiederholbar und führt bei identischen Versuchsbedingungen immer zum gleichen Ergebnis (Kaminske 2009, S. 23).

2.2 Geographisches (Unterrichts-) Experiment

Im Erdkundeunterricht wird zu Beginn eine Fragestellung oder eine Problemstellung zu einem in der Natur beobachteten Phänomen formuliert. (Otto 2009, S. 6).

„Geographische Experimente sind demnach Verfahren zur überprüfbaren Ermittlung von Einsichten in geographisch relevante, regelhafte und meist auf Naturphänomene bezogene Vorgänge. Diese werden zunächst isoliert, künstlich an Modellen oder geeigneten Objekten erzeugt, dann beobachtet und anschließend geklärt." (Lehmann 1964, S. 9, Breitbach 1999a, S. 41; zit. In: Rinschede 2007, S. 291f). Experimente im Erdkundeunterricht beschränken sich meist nur auf die physische Geographie oder den umweltökologischen Bereich. Humangeographische Experimente haben im Erdkundeunterricht eine Randstellung (Rinschede 2007, S.292) und werden folglich in dieser Arbeit nicht weiter thematisiert.

2.3 Klassifikation

Die im Erdkundeunterricht eingesetzten Experimente lassen sich nach verschiedenen Kriterien in verschiedene Klassen von Experimenten einteilen. Rinschede (2007) hat die Klassifikationen einiger Didaktiker in einer Tabelle zusammengefasst, die im Folgenden dargestellt wird.

Kasten 1: **Übersicht Klassifikation der eingesetzten Experimente im Erdkundeunterricht** (nach Becker, Glöckner, Hoffmann, Jüngel 1992; Bruhn 1993; Eschenhagen/ Kattmann/ Rodi 1998; Meyer 1994; Zusammengefasst In: Rinschede 2007, S 292)
•   **Nach der Versuchsanordnung**
-    Modellexperiment
-    Natur-/ Realexperiment
•   **Nach der methodischen Organisation/ Zielsetzung**
-    Lehrer- oder Demonstrationsexperiment
-    Schülerexperiment (Aktionsexperiment)
•   **Nach der zeitlichen Dauer**
-    Kurzzeitexperimente
-    Langzeitexperimente
•   **Nach der fachinhaltlichen Zuordnung**
-    Geologische und geomorphologische Experimente
-    Bodengeographische Experimente
-    Klimageographische Experimente
-    Hydrogeographische Experimente
-    Biogeographische Experimente
-    Umweltökologische Experimente
•   **Nach der didaktischen Funktion (didaktischer Ort)**
-    Einführungsexperimente/ Problemexperimente
-    Entdeckende Experimente
-    Anwendungs-, Kontroll-, Bestätigungsexperimente
•   **Nach der Auswertung der Ergebnisse**
-    Qualitative Experimente
-    Quantitative Experimente

(Rinschede 2007, S. 292)

Anschließend werden einige der Punkte in dieser Tabelle genauer erläutert, jedoch wird auf Grund der in dieser Arbeit behandelten Fragstellung neben der Versuchsanordnung und dem methodischen Aspekt nur auf die primär didaktischen Punkte eingegangen.

Bei der Klassifikation nach der Versuchsanordnung unterscheidet man zwischen Modellexperimenten und Naturexperimenten. Bei **Modellexperimenten** wird die

Natur an einem Modell nachgebildet und einzelne Naturphänomene werden anhand dessen so naturgetreu wie möglich dargestellt. Dabei muss man die Modellexperimente unterscheiden, die nachgeahmt sind, wie z. B. ein Globus, und die Modellexperimente, die sich an natürlichen geographischen Elementen bedienten, wie z. B. Kalkstein, Sand etc. und Modellexperimente mit chemischen oder physikalischen Elementen, wie z. B. bei der Entstehung von Luftströmungen. Da die Wirklichkeit stark vereinfacht wird, ist es wichtig, vorher mit den SuS zu kommunizieren, dass eine Verfälschungsgefahr bestehen kann, die zu Verständnisproblemen führt. Die SuS können jedoch durch Modellexperimente Rückschlüsse auf die Natur ziehen, die es ihnen ermöglicht Vergleiche anzustellen. **Naturexperimente** sind Experimente, die in der freien Natur oder an kleinen Gegenständen aus der Natur im Klassenzimmer durchgeführt werden, z. B. die Erosion auf einem Sandhaufen auf dem Schulhof. Die Entnahme und Analyse von Bodenproben zählen ebenfalls zu den Naturexperimenten (Rinschede 2007, S.293).

Ein **Demonstrationsexperiment** ist eines, welches von der Lehrperson gut sichtbar im Klassenzimmer vorgeführt wird, um einen bestimmten Prozess zu veranschaulichen. Die SuS nehmen bei dieser Form des Experimentierens die Rolle der Beobachter ein. **Schülerexperimente** hingegen werden von den SuS selbst in kleinen Gruppen geplant und durchgeführt. Die SuS haben die Möglichkeit sich selbstständig in komplexe Sachverhalte einzuarbeiten. Arbeiten alle SuS an einem Thema, nennt man diese Art arbeitsgleiches Experimentieren, beim arbeitsteiligen Experimentieren wird ein großes Problem in kleinere Teilprobleme aufgeteilt (Rinschede 2007, S. 294). In dieser Arbeit wird hauptsächlich auf die Schülerexperimente Bezug genommen.

Nach der didaktischen Funktion lassen sich die Experimente in Einführungsexperimente, entdeckende Experimente und Anwendungsexperimente unterscheiden (Otto 2003, S.4). Hier ist es wichtig, dass die Zielsetzung und welche Funktion das Experiment innerhalb einer Unterrichtsreihe einnehmen soll schon zu Beginn der Unterrichtsreihe feststeht.

Nach Rinschede (2007) ergeben sich vier verschiedene Möglichkeiten, Experimente im Unterricht einzusetzen.

In der Einstiegsphase haben die **Einführungs- oder Problemexperimente** eine motivierende Wirkung auf die SuS. Die Neugierde der SuS soll geweckt werden und sie werden durch ein kurzes Demonstrationsexperiment zu einer Problemstellung geführt und bilden erste Hypothesen (Rinschede 2007, S. 296). Die SuS können in einen neuen Themenbereich eingeführt werden und werden auf ein bestimmtes Naturphänomen aufmerksam gemacht. Daher eignen sich Einführungsexperimente besonders gut für den Einstieg in eine Unterrichtseinheit oder –reihe. Darauf aufbauen kann in einer der nächsten Schritte ein entdeckendes Experiment folgen (Haubrich, Reinfried 2015, S. 144).

Das **entdeckende Experiment**, welches klassischerweise in der Erarbeitungsphase eingesetzt wird, dient dem Zweck, bereits aufgestellte Hypothesen zu überprüfen. Es bietet sich an, die entdeckenden Experimente von den SuS selbst planen und durchführen zu lassen. Die Lehrkraft steht den SuS besonders bei der Versuchsplanung und der Beschaffung des Materials stets zur Seite. Der besondere didaktische Wert dieser Art des Experimentierens liegt darin, dass die SuS zur Selbsttätigkeit angeregt werden und ihr Problemlösungspotenzial fördern (Haubrich, Reinfried 2015, S. 144).

Im Idealfall folgt das entdeckende Experiment den Einzelschritten, wie sie bei einem Forschungsexperiment üblich sind. Auch dabei muss die Lehrkraft den SuS zur Seite stehen (Otto 2003 S. 4).

Das **bestätigende Experiment** erfüllt zwei Funktionen. Zum einen dient es dazu, bereits erlernte und bekannte Sachverhalte zu bestätigen oder die erneute Bekräftigung einer Erkenntnis (Otto 2003, S. 4). Bereits gelernte theoretische Unterrichtsinhalte lassen sich in diesen Experimenten praktisch überprüfen und haben eine besondere didaktische Qualität, da das Gelernte durch Wiederholen vertieft werden kann (Haubrich, Reinfried 2015, S. 144).

3. Funktionen von Experimenten im Erdkundeunterricht

Experimente im Erdkundeunterricht werden wie bereits erwähnt von einigen Didaktikern nicht als vollwertige Experimente angesehen. Dabei stellt sich die Frage, ob es überhaupt von entscheidender Bedeutung in Bezug auf die SuS ist, dass ein Experiment allen Anforderungen eines wissenschaftlichen Experiments erfüllt. Viel wichtiger ist es, dass es den SuS einen Mehrwert gibt und die Unterrichtsstunde eine Bereicherung für sie ist (Breitbach 2009, S. 31).

Experimente im Erdkundeunterricht ermöglicht es den SuS einen Einblick in Prozesse zu erlangen, die aus zeitlichen oder räumlichen Gründen nicht in der Realität beobachtet werden können. Diese Phänomene werden im Klassenzimmer in verkleinertem Maßstab und in zeitlicher Raffung für die SuS nachgestellt und einzelne Variablen bewusst verändert. So können die SuS einen Einblick und Kenntnisse über naturgesetzliche Abläufe erhaschen. Gerade bei Schülerexperimenten wird das kreative Denken der SuS gefordert und gefördert, indem sie zu einer Problemstellung möglichst selbstständig einen Experimentansatz entwickeln um zu einer Lösung des Problems zu gelangen (Haubrich, Reinfried 2015, S. 146).

Dadurch wird nicht nur das problemlösende Denken gefördert, sondern auch entdeckendes, forschendes und vernetztes Denken, da die SuS durch die Verbindung von Theorie und Praxis mehrere Lernkanäle gleichzeitig aktivieren. (Otto 2009, S. 8).

Den SuS wird nicht nur reines Fachwissen vermittelt, womit sie einen Vorgang beschreiben können, sie können beim Experimentieren auch erkennen, warum sich dieser Vorgang abspielt. Sie verstehen also die Ursache und Wirkung hinter den beobachteten Phänomenen (Salzmann 1981, S. 14).

Insgesamt misst sich der Erfolg von Experimenten im Erdkundeunterricht also weniger an der korrekten wissenschaftlichen Durchführung sondern eher daran, ob der Experimenteinsatz für ein bestimmtes Lernziel hilfreich und sinnvoll war (Breitbach 2009, S. 31).

3.1 Lernziele

> „Wir lernen nicht nur mit dem Kopf,
> sondern auch mit dem Herzen
> und der Hand [...]"
> (Wilhelmi 2000, S. 5)

Eine Schulklasse ist niemals homogen, heißt, dass sie aus vielen verschiedenen Lerntypen besteht. Das bedeutet, dass nicht nur die kognitiven Lernzielkategorien gefragt sind, sondern auch instrumentale, wie das Methodenlernen und emotionale Aspekte müssen im Unterricht aufgegriffen werden. Nur so kann sichergestellt werden, dass man jedem Lerntyp, von kognitiv bis emotional, gerecht wird (Wilhelmi 2000, S. 5).

3.1.1 Kognitive Lernziele

Die Experimente vermitteln den SuS klare Einsichten über den Ablauf geographischer Phänomene und Prozesse. Diese Kenntnisse werden an konkreten Objekten oder Modellen vermittelt. Die SuS entwickeln eine klar formulierte Problemstellung und werden durch Experimente zu kausalem, funktionalem und abstrahierendem Denken geführt. Dadurch, dass die SuS die Versuchsanordnung selber planen oder verändern (Demonstrationsexperimente sind hier ausgeschlossen) wird das kreative Denken gefördert und gefordert. An dieser Stelle möchte ich auf das Zitat von Confuzius zu Beginn dieser Hausarbeit verweisen, denn Experimente weisen eine hohe Behaltenseffizienz auf, die höher ist als bei anderen Unterrichtsmethoden (Rischende 2007, S 295 f.).

3.1.2 Instrumentale Lernziele

Unter den verschiedenen Lerntypen der SuS gibt es auch diejenigen, die weniger sprachlich begabt sind und sich deshalb weniger mündlich am Unterricht beteiligen. Dafür sind einige von ihnen aber manuell begabt. Diese SuS können ihr Können dann bei der Vorbereitung und Durchführung von Experimenten unter Beweis stellen. Dadurch, dass die Versuchplanung und –auswertung sprachlich dargestellt werden muss, bietet es den SuS ihre sprachlichen Defizite zu überwinden, während sie sich dennoch in sicherem Terrain befinden. Die SuS können durch Experimente ihre Fähigkeit im Beobachten und Protokollieren schulen und erhaschen dadurch einen Einblick in die Methoden des wissenschaftlichen Arbeitens. Experimente zeigen ihnen den Weg zu allgemeinen Gesetzmäßigkeiten auf, wodurch sie befähigt werden induktive Schlüsse zu ziehen (Rinschede 2007, S. 296).

3.1.3 Soziale Lernziele

Durch die in Schülerexperimenten oft vorkommende Gruppenarbeit kann gemeinsames planen und Handeln eingeübt werden (Rinschede 2007, S. 296). Durch die Gruppenarbeit wird zudem eine gewisse positive Abhängigkeit erzeugt, mit dem Anspruch, dass das Experiment am Ende gelingt.

3.2 Problemlösendes Lernen

In der Schule wird viel theoretisches Wissen vermittelt, das im Alltag von den SuS nicht angewendet werden kann. Mandl (2003) spricht in diesem Kontext von trägem Wissen. Dem soll die Problemorientierung im Unterricht entgegenwirken. Das problemorientierte Lernen soll den SuS die Möglichkeit geben, die im Unterricht erworbenen Kompetenzen im späteren Leben anwenden zu können. Lernen wird dabei als aktiver, selbstgesteuerter, konstruktiver, situativer und sozialer Prozess konzipiert. Mandl (2003) erwähnt im Kontext des problemorientierten Lernens das entdeckende und selbstgesteuerte Lernen (Mandl 2003, S. 9, zit. In: Peter 2014, S. 12).

3.3 Entdeckendes Lernen

Im Gegensatz zu anderen Lehrmethoden werden beim entdeckenden Lernen die zu erlernenden Konzepte, Gesetzmäßigkeiten oder Vorgehensweisen nicht explizit vorgegeben. Die SuS erschließen sich das Wissen im Umgang mit dem Lernmaterial selbst. Das dabei erlangte Wissen verankert sich dabei besser und ist für die SuS leichter abrufbar. Zudem können allgemeine Kompetenzen, wie z. B. das Testen von Hypothesen oder das Strukturieren von Problembereichen erlernt und erweitert werden. (siehe Internet 1).

Die Methode des entdeckenden Lernens lässt sich gut in einen Problemlösenden Unterricht integrieren, in dem die SuS ihre bisherigen gesammelten Erfahrungen in dem Themenbereich gut integrieren können und Zusammenhänge herstellen können. Die SuS interagieren mit ihrer Umwelt, indem sie erkunden und Faktoren manipulieren, um zu einem Ergebnis zu kommen (siehe Internet 2).

3.4 Forschendes Lernen

„Ohne das eigene Erleben in begehbaren Räumen ist man den medial vermittelten Bildern ausgeliefert." (Wilhelmi 2011, S.4).

Beim forschenden Lernen sollen die SuS selbst Fragen an die Natur entwickeln und eigenständig planen, wie sie zu einer Antwort kommen.

Forschendes Lernen ist eine Lernmethode, „[...], bei der die Lernenden selbstgesteuert und selbstverantwortlich Lernziele und Lernwege bestimmen, erproben und reflektieren." (Köck, Stonjek 2005, S. 82).

Lernen wird bei dieser Methode als aktive Konstruktion von Erkenntnis durch die Lernenden verstanden. Das Lernen geschieht durch die Veränderung kognitiver Strukturen, die Erweiterung, Differenzierung und deren Umstrukturierung (Landesinstitut für Lehrerbildung und Schulentwicklung, S. 21).

Nach Bönsch (2000, S. 236) sind neugierige SuS die beste Voraussetzung für forschendes Lernen, da sie offen für Fragen und Probleme sind, die sie selbst entwickeln. Die SuS entwickeln eigenständig einen Plan für das weitere Vorgehen, so wie es beim Schülerexperiment auch der Fall ist. Auf diesem Plan aufbauend folgen dann die weiteren Schritte des Erkundens, Probierens, Recherchierens und Erhebens von Daten und des Reflektierens. Forschendes Lernen implementiert einen aktiven Lernprozess, bei dem die SuS zwar durch die Lehrkraft beratend begleitet werden, das Risiko von Irrtümern und Umwegen auf dem Weg zum Ergebnis jedoch erhalten bleibt. Wichtig ist, dass die SuS das Ergebnis des Experiments vorher nicht kennen, damit sie gegebenenfalls sogar von den Ergebnissen überrascht werden können (Bönsch 2000, S. 236; zit. In: (Köck, Stonjek 2005, S. 82).

Beim forschenden Lernen steht nicht der Wissenserwerb im Vordergrund, sondern die SuS sollen Wege der Erkenntnisgewinnung finden und gemeinsam erproben. Ziel ist es, dass die SuS ihre eigenen Erfahrungen machen und ihr Wissen selbst konstruieren und dabei Vorgehens- und Denkweisen erlernen, die für wissenschaftliches Arbeiten von großem Nutzen sind (Landesinstitut für Lehrerbildung und Schulentwicklung, S. 20).

4. Effekte von Experimenten im Erdkundeunterricht

4.1 Positive Effekte

Nach Otto (2003) wird Gerade bei Schülerexperimenten, durch das Planen einer Versuchsanordnung, das kreative Denken der SuS gefördert. Sie werden mit einer Problemstellung konfrontiert und entwickeln (weitestgehend) selbstständig Lösungsvorschläge und –wege, um das Phänomen erklären zu können. Durch eine klare Problemstellung werden die SuS zu kausalem, funktionalem und abstrahierenden Denken angeregt. Sie verstehen den Zusammenhang zwischen der Theorie und der Praxis und erkennen, warum sich Prozesse genau so abspielen. Durch eine von der Lehrkraft gestellte Aufgabenstellung werden die SuS dazu befähigt, genaue und zielgerichtete Beobachtungen zu machen und diese zu protokollieren. Experimente fördern zudem entdeckendes, forschendes und problemlösendes Lernen und stärken die Entwicklung methodischer Handlungskompetenz sowohl in kognitiver als auch in sozialer und motorisch-manueller Weise. „Experimente erlauben eine wissenschaftspropädeutische Methodenschulung als Grundlage wissenschaftspropädeutischen Lernens." (Otto 2009, S. 8).

Physisch-geographische Experimente ermöglichen den SuS einen Zugang zu Phänomenen und Prozessen, die in der Realität aus zeitlichen oder räumlichen Gründen nicht beobachtet werden können. Im Klassenzimmer können diese Prozesse in kleinerem Maßstab und in zeitlicher Raffung nachgestellt werden und dabei einzelne, ausgewählte Faktoren bewusst verändert werden (Otto 2009, S. 8).

Durch Experimente kann die bereits gelernte Theorie mit der Praxis verbunden werden, wodurch bei den SuS mehrere Lernkanäle gleichzeitig angesprochen werden. Außerdem tragen Experimente, vor allem Schülerexperimente in besonderem Maße zur Stärkung der sozialen Kompetenzen und der Persönlichkeitsentwicklung der SuS bei. Durch die Arbeit in Gruppen wird die Teamfähigkeit und Kommunikation gefördert werden (Otto 2009, S. 8).

4.2 Negative Effekte

So viele Vorteile und Chancen Experimente auch bieten, negative Effekte gibt es immer. In Bezug auf die Lehrpersonen ist zu Beginn gleich zu erwähnen, dass Experimente einen hohen Zeitaufwand erfordern und oft nicht in die schulische Realität integriert werden können. (Rinschede 2007, S. 300). Man muss gut vorbereitet sein und das Experiment mindestens einmal selbst ausprobiert haben, bevor man die SuS probieren lässt. Der hohe Materialaufwand, den die Lehrkräfte bei der Vorbereitung betreiben müssen, ist nicht sehr motivierend sich auf ein Experiment im Unterricht einzulassen (Rinschede 2007, S. 300). Denn sollte ein Experiment wegen schlechter Vorbereitung oder weil es vorher nicht getestet wurde, nicht funktionieren, ist es sowohl für die SuS als auch für die Lehrkraft sehr demotivierend. Misserfolge lassen die SuS schnell zweifeln und das Interesse und die Neugierde schwinden. Im Falle eines Misserfolgs (was auch bei guter Vorbereitung durchaus passieren kann) ist es wichtig, den SuS die Gründe des Scheiterns zu erläutern, darüber zu diskutieren und gemeinsam nach anderen Lösungswegen zu suchen (Wilhelmi 2000, S 7). Ein weiterer zeitlicher Faktor, der oft gegen das Experimentieren im Unterricht spricht, ist der, dass an den meisten Schulen eine Unterrichtsstunde nur 45 Minuten dauert, in der die theoretische Herleitung, die Entwicklung einer Problemstellung und Hypothese, die Umsetzung und die Durchführung des Experiments und die Auswertung und Diskussion und dem anschließenden Abbau nicht möglich ist und den zeitlichen Rahmen sprengen würde (Kaminkse 2009, S. 28).

Die SuS müssen bei Modellexperimenten stets darüber aufgeklärt werden, dass sie das Modell an dem sie Experimentieren nicht genau auf die Natur übertragen können. An dieser Stelle kommt es oft zu fälschlichen Verallgemeinerungen, da die Übertragbarkeit von der vom Modell vermittelten Wirklichkeit auf die reale Wirklichkeit Probleme aufkommen lassen kann (Beerens 1990, S. 20; zit. In: Wilhelmi 2000, S. 7; Rinschede 2007, S. 300).

Die physisch geographischen Themenbereiche erfordern ein hohes fachliches Wissen aus anderen Fachbereichen, wie z. B. der Chemie oder Physik. Viele Erdkundelehrer kennen sich in diesen Bereichen nur hinreichend aber nicht ausreichend aus, um sich beim Experimentieren gut vorbereitet zu fühlen (Otto 2003, S. 6), das hängt oft auch mit der eingeschränkten Wahlmöglichkeit im Studium in Bezug auf andere Fächer zusammen, denn wenn man Geographie studiert, sind einige Fächerkombinationen nicht möglich (Kaminske 2009, S. 28). Hinzukommt, dass viele Experimente einen Fachraum der Geographie oder der Chemie oder Physik erfordern und diese in vielen Schulen nicht zur Verfügung stehen (Otto 2003, S. 6).

Zudem kommt, dass eher Lehrkräfte Experimente im Unterricht durchführen, die aus dem Studium oder durch Fortbildungen irgendwelche Kenntnisse zu der Methode „Experimentieren" erlangen konnten (Kaminske 2009, S. 28), jedoch wird das Experimentieren bis heute nur sehr marginal bis gar nicht während der Lehrerausbildung im Fach Geographie thematisiert (Otto 2009, S. 8).

Nach Otto (2003) haben Experimente im Erdkundeunterricht ohnehin eine Randstellung, welche nicht nur auf organisatorischen Gründen beruht. Auch in Lehrwerken haben Experimente nur einen kleineren Stellenwert, weshalb das Angebot für die Lehrkräfte nicht besonders hoch ist. Außerdem ist ein Großteil der Themenbereiche im Erdkundeunterricht anthropogenen Ursprungs. Physisch geographische Themenbereiche werden im Lehrplan vernachlässigt (Otto 2003, S. 6).

4.3 Schülermotivation

Es wurde herausgearbeitet, dass gerade das Schülerexperiment, sprich das eigenständige Experimentieren der SuS, aus lernpsychologischer Sicht einen hohen Stellenwert besitzt (Kaminske 2009, S. 29). Durch ihre Anschaulichkeit und Selbsttätigkeit sind sie in besonders hohem Maße motivierend und wecken das Interesse der SuS für geographische Themenbereiche (Rinschede 2007, S. 296).

Nach Kaminkse (2009) zeigen Unterrichtserfahrungen, dass nicht nur das Experimentieren im Unterricht allein bereits motivierend für die SuS ist, sondern auch der angepasste Einsatz für die vorhandene Lernsituation und die Lerngruppe. Es sei jedoch zu beachten, dass zu häufiges Experimentieren zur Gewohnheit werden kann und dementsprechend die Motivation für diese Methode negativ beeinflusst werden kann. Das gilt allerdings nicht nur für das Experimentieren, sondern für alle Methoden.

Aufgrund der Abweichung vom üblichen Geographieunterricht können Experimente besonders motivierend auf die SuS wirken. Dadurch, dass die SuS größtenteils selbstständig arbeiten, sind die besonders anregend. Gerade in der Einstiegsphase dienen Experimente der Weckung des Schülerinterresses (Otto 2003, S. 7).

Guter Unterricht lebt davon, dass die SuS mitziehen, zum Grübeln angeregt werden, Probleme sehen und Fragen stellen. Experimente können diesen Effekt hervorrufen und bewegen die SuS dazu, mehr Freizeit als üblich für das Fach zu investieren. Die Motivation der SuS ist besonders hoch, wenn sich die Lehrkraft größtenteils zurückzieht und den SuS Raum lässt, selbstständig zu planen, forschen und Lösungswege zu finden (Wilhelmi 2000, S. 5).

5. Verlaufsphasen des Experimenteinsatzes

Da sich viele Lehrkräfte beim Experimentieren nicht sicher fühlen, soll das folgende Kapitel eine kleine Anregung sein, wie ein Experimentalunterricht aufgebaut werden kann und welche Schritte dabei zu beachten sind.

5.1 Methodische Planung

Bevor ein Experiment im Unterricht eingesetzt wird, muss die Lehrkraft schon im Voraus einige Aspekte berücksichtigen.

Wie bereits erwähnt, sollte das Experiment von der Lehrkraft mindestens einmal selbst durchgeführt werden, um sicherzustellen, dass das Experiment erstens das demonstriert, was es zu zeigen beabsichtigt und zweitens um zu testen, wie hoch die Gelingenswahrscheinlichkeit ist und welche Hilfsmittel benötigt werden. Da es sich in der Unterrichtspraxis um Experimente handelt, die, abgesehen von Demonstrationsexperimenten, von den SuS durchgeführt werden, sollten die Hilfsmittel und auch das Experimentieren einfach zu handhaben sein, damit sich die SuS auf ihre Beobachtungen konzentrieren können. Um die Motivation und das Interesse der SuS nicht zu verlieren, darf das Experiment nicht zu lang sein und sollte in eine Unterrichtsstunde passen (Rinschede 2007, S. 298).

Bei der Planung der Unterrichtsstunde, in der das Experiment durchgeführt werden soll, ist es wichtig zu beachten, dass die Versuchsbeschreibung der Lehrkraft kurz und prägnant ist, damit die SuS diese verstehen und ungehindert experimentieren können. Die Sozialform während des Experiments muss ebenfalls vorher schon festgelegt werden und dabei auch gleichzeitig sichergestellt sein, dass wenn es zu einer Gruppenarbeit kommt, genügend Materialien für jede Gruppe vorhanden sind. Handelt es sich nicht um ein Schülerexperiment, sondern um ein Demonstrationsexperiment, dann muss eine geeignete Sitzform hergerichtet werden, damit allen SuS eine gute Sicht auf das von der Lehrkraft durchgeführte Experiment gewährleistet werden kann (Rinschede 2007, S. 298).

Während des Experiments steht die Lehrkraft für Fragen zur Verfügung und fungiert im Idealfall nur als Berater und nicht als Vermittler. Nach der Durchführung des Experiments ist es wichtig festzustellen, ob das Experiment überhaupt gelungen ist und inwiefern das Experiment genau das demonstriert hat, was es demonstrieren sollte (Rinschede 2007, S. 298).

5.2 Verlaufsphasen

Der Einsatz von Experimenten im Unterricht lässt sich nach Rinschede (2007, S. 298) in fünf Phasen einteilen. Er beschränkt sich jedoch auf den Einsatz von Experimenten in der Erarbeitungsphase (entdeckende Experimente).

In der **Einführungs- und Vorbereitungsphase** ist es wichtig, dass die SuS an die experimentell zu lösende Frage herangeführt werden. Dabei sollen sie selber das Problem erkennen und eine Problemstellung formulieren. Darauf aufbauen können die SuS dann Vermutungen aufstellen, wie sie zu einer Lösung des Problems gelangen können. An dieser Stelle wird eine Hypothese (1) und eine Gegenhypothese (0) aufgestellt. Darauf folgt eine Beschreibung des Versuchsaufbaus. Durch diese Herleitung des Problems und den Versuch einen Weg zu finden, wie man das Problem lösen könnte, erkennen die SuS, dass das Experimentieren eine Methode ist, um zur Lösung eines Problems zu gelangen (Rinschede 2007, S. 298).

Otto (2003) teilt den Einsatz von Experimenten im Unterricht in drei Phasen ein und bezeichnet diese Phase als *Planungs- und Gestaltungsphase*, in der er bereits Beobachtungs- und Protokollierungsaufgaben verteilt werden.

In der **Erläuterungsphase** ist es wichtig, dass die Lehrkraft den SuS den Zusammenhang zwischen der geographischen Wirklichkeit und dem Versuch erklärt, damit keine falschen Rückschlüsse auf die Natur geschlossen werden. Dies spielt am Ende in der Transferphase noch einmal eine Rolle. Wichtige Leitfragen, die bei dem Experimentieren beachtet werden sollen können in dieser Phase ebenfalls vermittelt werden (Rinschede 2007, S. 298).

In der **Experimentierphase**, oder nach Otto (2003) der *Durchführungsphase*, wird das Experiment schließlich durchgeführt und die Aufmerksamkeit der SuS durch gezielte Beobachtungsaufträge gesteigert. Diese Beobachtungsaufträge können sich auf die zuvor gestellten Leitfragen beziehen oder den Aufbau, die Durchführung oder die Ergebnisse des Experiments beziehen (Rinschede 2007, S. 298). Wenn das Experiment in Gruppen- oder Partnerarbeit durchgeführt wird, ist es auch möglich, dass jede Gruppe eine andere Beobachtungsaufgabe bekommt.

Nach der Durchführung des Experiments kommt es zur **Auswertungs- und Ergebnisphase**, in der die gewonnenen Beobachtungsergebnisse gesammelt und erklärt werden. In einem weiteren Schritt erfolgt dann eine Abstraktion zu allgemeinen Begriffen und Zusammenhängen. Eine bedeutende Rolle spielt in dieser

Phase der Rückbezug zur anfangs aufgestellten Hypothese, die an dieser Stelle verifiziert oder falsifiziert werden muss (Rinschede 2007, S. 298). Nach Otto (2003) werden in der *Analyse- und Interpretationsphase* die Daten aufbereitet und weiterverarbeitet und ebenfalls verallgemeinert. Zusätzlich werden nach Otto die Vertrauenswürdigkeit der Daten und die Randbedingungen des Experiments diskutiert (Otto 2003, S. 6).

Eine ebenfalls für das Verständnis bedeutende Phase ist die **Transferphase**, in der die gewonnen Ergebnisse auf die geographische Wirklichkeit übertragen werden. Hier können erneut falsche Rückschlüsse ausgeschlossen werden, indem darauf hingewiesen wird, dass der Vorgang im Experiment zeitlich gerafft und unter anderen Bedingungen und Dimensionen dargestellt wurde (Rinschede 2007, S.298).

In der letzten Phase, der **Sicherungs- und Vertiefungsphase**, werden die Ergebnisse und Erkenntnisse noch einmal mündlich wiederholt und in einem Versuchsprotokoll festgehalten (Rinschede 2007, S. 298).

5.3 Beispiele für die Unterrichtspraxis

Experimente werden aus bereits genannten Gründen nur sehr selten in den Unterricht integriert. Im Folgenden werden zwei Bespiele von Experimenten genannt, die in der Unter- und Mittelstufe in der Unterrichtspraxis angewendet werden können.

5.3.1 Experiment zum Einfluss der Temperatur auf das Luftvolumen (nach Otto 2009, S. 9f.)

Luft hat ein unterschiedliches Verhalten in Abhängigkeit zur Temperatur. Dieses Verhalten hat Auswirkungen auf den Luftdruck und Luftbewegungen. Der Grund für dieses Phänomen ist der, dass sich durch Erwärmung und Abkühlung der Luft das spezifische Gewicht der Luft durch Ausdehnung und Zusammenziehen unterscheidet. Durch das Aufsteigen warmer, leichterer Luft und dem Absinken der kälteren, schwereren Luft entstehen Luftdruckunterschiede, die durch Luftbewegungen, Wind, ausgeglichen werden müssen.

Ausgangssituation:

Den SuS wird ein Auszug der Gebrauchsanweisung eines Schlauchbootes vorgelegt: „Lassen Sie das Schlauchboot an warmen, sonnigen Tagen entweder im Wasser oder legen sie es an Land- falls es in aufgeblasenem Zustand bleiben soll- in den Schatten. Dadurch vermeiden Sie eine Ausdehnung der Luftkammern, wodurch das Schlauchboot platzen könnte."

Problemfindungsphase:

1. Problemstellung: Warum kommt es in dem Schlauchboot zur Ausdehnung der Luft, wenn die Sonne drauf scheint?

Otto (2009) erläutert an dieser Stelle nicht näher, ob die Problemstellung von den SuS selbst entwickelt oder durch die Lehrkraft vorgegeben wird. Bei ausreichendem Zeitfenster ist es aber durchaus möglich die Fragestellung von den SuS entwickeln zu lassen.

- Hypothesen:

H1: Bei Erwärmung dehnt sich Luft aus

H0: Die Temperatur hat keinen Einfluss auf das Luftvolumen

Material:

- drei gleiche Glasflaschen
- zwei Plastikschüsseln
- drei gleiche Luftballons
- Wasserkocher/ Tauchsieder
- heißes und gekühltes Wasser

Durchführungsphase:

Zu Beginn des Experiments werden die Luftballons einmal aufgeblasen, damit sichergestellt wird, dass alle Luftballons funktionieren. Anschließend wird aus den Luftballons die Luft wieder vollständig entlassen (durch eine Luftpumpe oder per Mund). Nun werden die Luftballons vorsichtig über die Flaschenhälse gestülpt. Die erste Flasche wird in die Schale mit heißem Wasser gestellt, die zweite Flasche in die Schüssel mit kaltem Wasser und die dritte Flasche wird nicht in Wasser gestellt, sie dient als Kontrollobjekt. Die SuS sollen nun beobachten, wie sich das Volumen der Luft in der Flasche in heißem (dehnt sich aus) und kaltem (zieht sich zusammen) Wasser verändert. Der Luftballon der dritten Flasche bleibt unverändert. Da keine Messdaten über das Volumen festgehalten werden, sollen die SuS das Ergebnis in einer Skizze festhalten.

Auswertung:

Das Experiment bestätigt die Hypothese H1, demnach wurde ein Zusammenhang zwischen der Temperatur und dem Luftvolumen bewiesen. Wichtig ist der Rückbezug auf die Ausgangsfrage, indem man die gesammelten Ergebnisse auf andere Modelle, in diesem Fall das Schlauchboot, bezieht. Dadurch wird der Transfer zur Realität hergestellt.

5.3.2 Wüstendedektive: Schüler entwickeln Experimente zur Erklärung von Dünenformen (nach Breitbach 2009, S. 32 f)

Bei der Entstehung von Dünenformen schließen sich mehrere Faktoren zusammen, die nicht ganz leicht zu verstehen sind. So können bei gleicher Windrichtung verschiedene Dünenformen entstehen. Diese Tatsache weckt bei den SuS Interesse und sie begeben sich mit Hilfe von Experimenten auf die Suche nach einer Erklärung für diese Unterschiedlichkeit. Die SuS erlangen durch Experimente Einsichten in das Zusammenwirken verschiedener Geofaktoren. Bei diesem Experiment spielt vor allem auch die Konstruktion von Versuchsanordnungen, um Einflussfaktoren zu isolieren, eine wichtige Rolle. Zudem wird durch eine Gruppenarbeit die Teamfähigkeit und somit die soziale Kompetenz der SuS gefördert. Die SuS lernen Aspekte der Methode des Experiments kennen, wie z. B. die Hypothesenbildung, die Versuchsanordnung, Fragen des Maßstabs und der Übertragbarkeit der Ergebnisse auf die Natur.

Material:
- 10 kg Chinchillasand (sehr feinkörniger Sand)
- Ablagekästen mit drei hohen Rändern und einem niedrigen Rand
- Als Windquelle mehrere Föne und Strohhalme
- Ein Wäschebefeuchter als Wasserquelle

Aufbau der Unterrichtsreihe:

Breitbach (2009) veranschlagt für das Experiment vier Unterrichtsstunden, die in Klasse 7 durchgeführt werden. Da es sich im ein Schülerexperiment handelt, bei dem die SuS die Hypothesen und den Versuchsaufbau weitestgehend selbst entwickeln sollen, muss dementsprechend mehr Zeit eingeplant werden.

- 1. Stunde: Einführung in die Thematik, Konfrontation mit dem Phänomen, Hypothesenbildung und Sammeln von Vorschlägen

- 2. Stunde: Entwickeln einer Versuchsanordnung, bei der die gesammelten Ergebnisse der ersten Stunde systematisiert werden. In Gruppenarbeit werden die Versuchsstationen erarbeitet.

- 3. Stunde: Durchführung der Experimente

- 4. Stunde: Reflexion der Ergebnisse und Vergleich mit wissenschaftlichen Erklärungen

Durchführung in Arbeitsgruppen:

Es werden fünf Gruppen gebildet, die sich jeweils mit einer eigenen Versuchsanordnung beschäftigen. Die Gruppen arbeiten mit den mitgebrachten Ablagekästen, in die der Chinchillasand gestreut wird (ca. 2 cm). Die Windquelle (Fön oder Strohhalm) wird von der flachen Seite des Ablagekastens hinzugeführt. Die anderen Gruppen können auf Tischplatten mit einer Blende zum Auffangen des Sandes arbeiten.

1. Gruppe: trockener Sand. Windquelle: Fön

2. Gruppe: trockener Sand. Windquelle: Strohhalm

3. Gruppe: feuchter Sand. Windquelle: Fön

4. Gruppe: feuchter Untergrund. Windquelle: Fön. Auf einer Tischplatte wird ein 3 cm breiter Streifen nass gemacht und mit Sand bestreut und mit dem Fön Wind auf den Sand geblasen.

5. Gruppe: feuchter Untergrund. Windquelle: Strohhalm. Auf einer Tischplatte wird etwa 1 cm befeuchtet und mit Sand bestreut. Mit einem Strohhalm wird parallel zur Tischplatte gegen den Sand geblasen.

Die SuS können bei den Experimenten die Windrichtung und –stärke sowie den Grad der Feuchte variieren. Auf einem Beobachtungsbogen halten die SuS die Ergebnisse fest.

6. Fazit

„I hear and I forget
I see and I remember
I do and I understand"
(Confucius)

Wie in dieser Hausarbeit erarbeitet wurde, werden Experimente im Erdkundeunterricht nicht häufig eingesetzt, obwohl durch Studien belegt wurde, dass gerade Schülerexperimente sehr förderlich für den Lernerfolg der SuS sein können. Der Grund für den vagen Umgang mit dieser Lehrmethode liegt vor allem darin begründet, dass viele Lehrkräfte aus zeitlichen Gründen keine Experimente in den Unterricht integrieren. Aber auch die mangelnde Konfrontation im Studium oder in Fortbildungen lassen viele Lehrkräfte unsicher auf diesem Terrain wirken.

Experimente sind für die SuS sehr ansprechend und wirken sehr motivierend, da sie vom üblichen Unterrichtsalltag abweichen und die SuS sich gerade bei den Schülerexperimenten aktiver am Unterricht beteiligen und Ideen und Fragen einbringen können. Experimente können dem forschenden, entdeckenden und problemlösenden Lernen zugeschrieben werden und dabei werden bei den SuS verschiedene Lernkanäle aktiviert, was einen höheren Lernerfolg unterstützt und die Behaltenseffizienz erhöht. Die SuS können die gelernte Theorie nun mit der Praxis verbinden und dadurch einen Realitätsbezug herstellen. Außerdem wird den SuS durch Experimente die Beobachtung eines Naturphänomens ermöglicht, was in der Natur aus zeitlichen Gründen nicht möglich wäre.

Es gibt jedoch auch eine Vielzahl an Gründen, die gegen das Experimentieren im Unterricht sprechen. Diese sind nicht didaktisch begründet, sondern wie bereits genannt zeitlich und organisatorisch. Es kann allerdings auch sein, dass wenn in einer Klasse zu viel experimentiert wird, dass die Begeisterung für diese Methode sehr schnell schwindet, so wie es bei jeder Methode ist, die zu häufig verwendet wird. Aber auch der Lehrplan bieten den Lehrkräften nicht viel Raum zu experimentieren, denn er ist größtenteils von anthropogenen Themen geprägt und die physisch-geographischen Themen werden randstellig behandelt.

Einige Anmerkungen zur Planung von Experimentalunterricht und zwei konkrete Beispiele sollen als Anregung dienen, Experimente in den Unterricht zu integrieren.

Abschließend lässt sich sagen, dass das Experimentieren eine sehr geeignete Methode ist um SuS physisch-geographisches Wissen zu vermitteln bzw. die SuS sich dieses Wissen selber aneignen zu lassen. Gerade Schülerexperimente eignen sich hervorragend in der Erarbeitungsphase und lassen die SuS kreativ an einem Lösungsweg arbeiten. Sie lernen nicht nur eigenständig zu überlegen, wie sie die Problemstellung lösen können, sondern werden gleichzeitig langsam an die wissenschaftliche Methode des Experimentierens herangeführt.

Ein gut vorbereiteter Experimentalunterricht kann für die SuS nur von Vorteil sein und sollte viel häufiger im Unterricht eingesetzt werden. Schon im Studium sollte diese Methode intensiver thematisiert werden, damit ein Umgang in der Berufspraxis dann weniger abschreckend ist.

7. Literaturverzeichnis

Baumann, A. (1987): Sterne zum anfassen. Modelle und Experimente für alle Klassen- und Altersstufen. In: Geographie heute, Jg. 8, H. 49, S. 9-14.

Bönsch, M. (2000): Variable Lernwege der Unterrichtsmethoden- Ein Lehrbuch der Unterrichtsmethoden. Paderborn.

Breitbach, T. (2009): Experimentelles Arbeiten konkret. In: Geographie und Schule, Jg. 31, H. 180, S. 30-41.

Haubrich, H. & Reinfried, S. (Hgs) (2015): Geographie unterrichten lernen. Die Didaktik der Geographie. 1. Auflage. Berlin.

Kaminske, V. (2009): Experimentelles Arbeiten in der Geographie. In: Geographie und Schule, Jg. 31, H. 180, S. 21-30.

Köck, H. & Stonjek, D. (2005): ABC der Geographiedidaktik. Köln.

Landesinstitut für Lehrerbildung und Schulentwicklung (Hg) (2011): Forschendes Lernen zu Naturphänomenen. Hamburg.

Mandl, H. (2003): Problemlösendes Lernen und Lehren. In: Praxis Schule, Heft 5, S. 8-11.

Otto, K. H. (2003): Experimentieren im Geographieunterricht. In: Geographie heute, Jg. 24, H. 208, S. 2-7.

Otto, K. H. (2009): Experimentieren als Arbeitsweise im Geographieunterricht. In: Geographie und Schule, Jg. 31, H. 180, S. 4-15.

Peter, C. (2013): Problemlösendes Lernen und Experimentieren in der geographiedidaktischen Forschung. Eine Interventions- und Evaluationsstudie zur naturwissenschaftlichen Kompetenzentwicklung im Geographieunterricht. Gießen.

Richter, W. (1983): Geographische Experimente zur Umwelterziehung. Köln.

Rinschede, G. (2007): Geographiedidaktik. 3. Auflage. Paderborn.

Salzmann, W. (1981): Experimente im Geographieunterricht. Zur Theorie und Praxis eines lernzielorientierten geographischen Experimentalunterrichts. Köln.

Theißen, U. (2003): Experimente zum Thema „Luft". In: Geographie heute, Jg. 24, H. 208, S. 8-13.

Walter, Frank (1981): So macht Erdkunde Spaß. In: Zeitschrift für Heilpädagogik, Jg. 31, H. 8, S. 529-538.

Wilhelmi, V. (2000): Experimente im Geographieunterricht. In: Praxis Geographie, Jg. 30, H. 49, S. 4-7.

Wilhelmi, V. (2011): Geographische Umweltbildung weiterdenken. In: Praxis Geographie, Jg. 41, H. 2, S. 4-8.

Internetquellen

Internet 1: http://www.spektrum.de/lexikon/psychologie/entdeckendes-lernen/4121 (Stand: 23.01.2018).

Internet 2: https://www.learning-theories.com/discovery-learning-bruner.html; (Stand: 23.01.2018).

BEI GRIN MACHT SICH IHR WISSEN BEZAHLT

- Wir veröffentlichen Ihre Hausarbeit, Bachelor- und Masterarbeit

- Ihr eigenes eBook und Buch - weltweit in allen wichtigen Shops

- Verdienen Sie an jedem Verkauf

Jetzt bei www.GRIN.com hochladen und kostenlos publizieren